AF454396

OBSERVATIONS

SUR

LA SOURCE

INCRUSTANTE

DE

SAINT-ALYRE,

DANS UN DES FAUBOURGS

DE CLERMONT-FERRAND.

Clermont-Ferrand,

IMPRIMERIE DE THIBAUD-LANDRIOT,

Libraire, rue Saint-Genès, n° 8.

—

1836.

AVIS.

LE sieur CLÉMENTEL-DOUCET offre au public
un nouvel exposé des eaux minérales de Saint-
Alyre, dont il est propriétaire. Il demande
la continuation de l'intérêt que les amis de
la nature lui ont témoigné ; il a redoublé
d'efforts pour s'en rendre digne, en secondant
par ses soins et ses dispositions l'action de cette
source, dont on ne saurait trop admirer les
effets merveilleux. L'antique pont qu'elle a
formé est connu de tout le monde ; mais ce
qui ne l'est pas assez, c'est la manière dont on
explique sa formation. Il semble qu'on puisse
prendre la nature sur le fait, en lisant les
Observations suivantes, dans lesquelles on
trouve une analyse plus détaillée de l'onde
miraculeuse. L'art se plaît à développer l'œu-
vre de la nature. La poésie même y a trouvé
un aliment à ses fictions.

OBSERVATIONS

SUR

LA SOURCE

INCRUSTANTE

DE

SAINT-ALYRE.

Peu de contrées offrent autant de sources, autant de ruisseaux d'eau vive que le département du Puy-de-Dôme. Nul doute que ces eaux abondantes ne soient dues aux nombreux cônes volcaniques formés de matières poreuses ; et lorsqu'on parcourt les montagnes qui avoisinent Clermont, on voit souvent les nuages s'y arrêter, s'y fixer quelque temps, et disparaître ensuite absorbés par le sommet qui les avait attirés. Ce phénomène digne de remarque et surtout visible au puy de Dôme et sur les autres monts domitiques, se reproduit également sur les puys à cratères et sur toutes les élévations formées de matières poreuses. Les eaux s'infiltrent ensuite à travers les montagnes, suivent les coulées de laves qui sont sorties de la plupart d'entre elles, et viennent former à leur extrémité les belles sources que l'on admire à Royat, à Fontanas, à Tallende, à St-Vincent, et dans tous les lieux où vinrent s'arrêter les courants embrasés qui ont couvert autrefois le sol de l'Auvergne. Si telle est l'origine de ces sources d'eau pure qui contiennent à peine des traces de matière saline, on ne peut attribuer aux mêmes causes la présence d'un grand nombre de sources minérales qui sortent sur tous les points du département (1), soit après avoir traversé les couches du terrain tertiaire, soit qu'elles se fassent jour à travers les fissures du sol primordial. Notre but n'est pas ici de rechercher la cause qui fait jaillir ces sources, ni celle qui leur communique la température élevée que quelques-unes possèdent; tout porte à croire que ces eaux s'élèvent des profondeurs encore incandescentes de notre globe. Nous ne pouvons non plus décrire avec détail toutes les eaux de ce genre qui mériteraient d'être mentionnées; nous voulons seulement examiner avec soin celle de ces sources qui est la plus curieuse, et celle en même temps qui est connue de toute l'Europe sous le nom de Fontaine pétrifiante **de St-Alyre.**

Le sol sur lequel est bâtie la ville de Clermont est un tuf ou pépérite grossier, formé de fragments de basalte plus ou moins altérés, de petits cailloux siliceux, et d'une matière terreuse qui admet du carbonate de chaux dans sa composition. Ce tuf, quoique d'origine volcanique, a évidemment été déposé par les eaux, puisqu'il alterne en stratification régulière avec des argiles et des couches de tuf dont le grain est beaucoup plus fin, et quelquefois même avec des couches sableuses que l'on peut comparer aux pouzzolanes des volcans modernes.

Le sol de Clermont donne issue à plusieurs sources d'eaux minérales dont la température est généralement

(1) On trouve la liste de ces eaux minérales et l'analyse de la plupart d'entre elles, dans la *Topographie minéralogique du département du Puy-de-Dôme*, publiée par M. Bouillet, ouvrage couronné par l'académie de Clermont, et terminé par un tableau synoptique des hauteurs de toutes les montagnes du département. 1 vol in-8°

peu élevée. Ces eaux sortent de différents points du monticule, mais il est probable qu'elles paraissent au jour aux points de jonction du tuf volcanique avec les couches calcaires. C'est principalement à St-Alyre que cette jonction a lieu par le prolongement de la formation calcaire des *Côtes* et de *Chanturgue*. Un fait digne de remarque est la présence de grosses masses de grès et de quelques autres blocs de roches placées à la surface du sol, très-près de la source incrustante. Selon toutes les apparences, elles font partie d'un tuf analogue à celui que l'on peut observer au puy de *Montaudou*.

C'est dans cette localité, et à peu près en face du monticule calcaire que l'on connaît sous le nom de *Montjuzet*, que sortent les eaux minérales de St-Alyre.

La source est assez abondante ; les eaux sont limpides et offrent une température de 20 degrés Réaumur. Elles émettent de temps en temps quelques bulles d'acide carbonique qui viennent crever à la surface ; elles ont une saveur aigrelette un peu piquante, et l'on voit facilement qu'elles sont saturées d'acide.

L'analyse qui fut faite par Vauquelin, a donné les résultats suivants :

Un litre d'eau minérale de St-Alyre contient,

1°. Acide carbonique libre . . . . 5 gr.
2°. Carbonate de chaux. 10
3°. Carbonate de magnésie 5
4°. Carbonate de soude 6
5°. Muriate de soude 7
6°. Oxide de fer . . . · 0
7°. Sulfate de soude et matières bitumineuses, des traces.

Un litre de cette eau renferme donc vingt-six grains de matière solide, dont moitié en carbonate de chaux et de magnésie.

L'acide carbonique contenu dans l'eau paraît en quantité suffisante pour faire passer ces carbonates à l'état de *bicarbonate*, et l'on sait que dans cet état ils sont solubles. Tant que l'acide carbonique reste en combinaison avec le carbonate de chaux, ce sel reste en dissolution ; mais à une certaine distance de la source, l'acide carbonique se dégage peu à peu, et il abandonne le sous-carbonate calcaire avec d'autant plus de promptitude, que l'eau est plus divisée et qu'elle présente une plus grande surface à l'air.

M. Clémentel, propriétaire de cette source, a mis à profit sa propriété incrustante, et c'est au point où elle commence à déposer le carbonate de chaux, qu'il a établi plusieurs cabinets qui reçoivent l'eau par leur plafond. Cette eau tombe sur des morceaux de bois qui la font jaillir et éclabousser de tous côtés sur les différents objets qui s'y trouvent disposés. Bientôt une légère couche pierreuse couvre tous les objets quels qu'ils soient ; cette couche augmente avec le temps, et devient assez épaisse au bout de quelques semaines pour avoir recouvert des plantes, des nids d'oiseaux, et une foule d'autres corps que l'on soumet à son action.

Le dépôt incrustant qui recouvre ces différents objets est d'un blané jaunâtre. Il est formé en grande partie de carbonate de chaux coloré par une petite quantité de fer hydroxidé. Il se moule exactement sur tous les corps, et l'on peut voir dans le cabinet et dans le jardin qui sont situés dans le même établissement, une très-grande quantité d'objets de toute nature, déguisés par une couche calcaire qui leur donne l'apparence de la pierre. Des chevaux, des vaches et d'autres animaux préalablement bourrés et montés, ont été soumis à l'action de cette fontaine, et paraissent dans le jardin comme des statues ébauchées. On a même poussé la bizarrerie jusqu'à placer dans les cabinets un hussard tout entier armé de pied en cap, et destiné à monter un des coursiers dont nous venons de parler.

Malgré les propriétés incrustantes de l'eau de Saint-Alyre, on peut cependant s'y baigner sans éprouver le sort des objets que l'on y laisse séjourner. Des cabinets et des baignoires ont été établis près de la source, et l'on peut sans sortir de Clermont, prendre des bains d'eau minérale, dont la température est à peu près celle qui convient pour les bains ordinaires.

La source de St-Alyre n'a pas toujours été dirigée par l'homme ; à une époque éloignée des temps où nous vivons, les phénomènes de la nature étaient à peine connus, et les eaux de la fontaine coulaient alors en suivant la pente du terrain, et se répandaient dans les environs. C'est alors qu'elles formèrent la masse de travertin qui s'avance jusqu'au delà du ruisseau de Tiretaine, et que l'on connaît sous le nom de *Pont de pierre*. Au premier aspect, cette masse semble être l'ouvrage des hommes ; on n'aperçoit plus l'eau dont elle est le dépôt ; son point de sortie a changé de place, et elle paraît maintenant à la surface, près de l'habitation du sieur Clémentel, à une assez grande distance du Pont de pierre. La longueur de cette masse de travertin est d'environ deux cent quarante pieds, sa hauteur est au moins de dix-huit à vingt au-dessus du ruisseau, et elle commence à fleur de terre vers l'extrémité qui était la plus rapprochée de la source. Ce travertin présente l'aspect d'une muraille qui irait en augmentant de hauteur et d'épaisseur, à mesure que l'on avance vers son extrémité. Sa surface supérieure, d'abord très-étroite, s'élargit graduellement, et l'on remarque encore une espèce de sillon qui servait, sans doute, à conduire les eaux qui élevèrent elles-mêmes cet aquéduc.

Quelques personnnes prétendent que les bénédictins de St-Alyre, dans l'enclos desquels s'épanchait cette fontaine, craignant que son dépôt ne vînt à envahir le sol fertile de leur abbaye, dirigèrent d'abord ses eaux de manière à les conduire dans le ruisseau de Tiretaine qui traversait leur propriété. Quoi qu'il en soit, l'eau incrusta bientôt le canal qui lui avait été tracé, elle finit par le combler, et suivant cependant la même route que lui traçait d'ailleurs la pente du terrain, elle coula sur son dépôt, elle l'augmenta tous les jours ; et comme la matière calcaire se déposait plus facilement sur les bords que dans le milieu, elle laissa dans cette partie le sillon peu profond qui lui servait de conduit. Les eaux arrivées à l'extrémité de la muraille se répandaient dans le ruisseau qui mettait un terme à leur dépôt ; bientôt cependant la muraille s'éleva sur le bord, et dès qu'il y eut une chute, il y eut bientôt aussi un prolongement de matière calcaire qui avança au-dessus de l'eau. Des plantes aquatiques ne tardèrent pas à s'y développer, et leur végétation activée par les matières salines contenues dans les eaux minérales, couvrit de touffes de verdure le rocher qui venait de se former. Mais ici la nature était encore dans toute son activité ; un dépôt de carbonate de chaux et de fer hydroxidé couvrait en peu de temps les végétaux vigoureux qui avaient pris possession de ce sol encore vierge ; les mousses et les coquillages qui venaient y chercher la fraîcheur, étaient saisis en même temps, et tous ces matériaux accumulés ne servaient qu'à exhausser le terrain, à multiplier les surfaces, à augmenter les points de contact, et favorisaient puissamment la formation d'une arcade dont la nature seule avait formé le plan. Qu'arriva-t-il enfin au bout d'un grand nombre d'années ? c'est qu'une arche toute entière parut sur le ruisseau dont le cours eût été arrêté, si ses eaux n'avaient pas enlevé au fur et à mesure de sa précipitation, la matière calcaire apportée par les eaux qui venaient croiser les siennes.

Le ruisseau de Tiretaine ne fut plus dès lors un obstacle aux cours des eaux de St-Alyre ; elles l'avaient traversé et se disposaient déjà à franchir un autre bras de ce ruisseau en formant une nouvelle arche. Celle-ci se voit encore à demi-formée, avançant au-dessus du ruisseau, et restant suspendue sans soutien. Une cause qui nous est inconnue changea le point de sortie des eaux minérales, et l'aquéduc fut à sec. Tout porte à croire que le dépôt était plus abondant autrefois qu'à présent ; cependant la nouvelle source a encore déposé des masses de travertin assez considérables.

Le propriétaire a eu l'idée de diriger une partie de ses eaux sur un des points du ruisseau de Tiretaine, et depuis un certain nombre d'années elles ont commencé un nouveau pont dont on suit annuellement les progrès. Là, on peut voir avec détails comment s'est formé le *grand Pont de pierre*. Le même phénomène se reproduit en petit ; les mêmes eaux y concourent, les mêmes plantes se développent sur la pierre qui se forme ; des mousses verdoyantes cachent les dépôts ferrugineux qui recouvrent toutes les surfaces ; mais bientôt l'hiver vient mettre un terme à la végétation, et l'eau achève ce qu'elle avait commencé ; elle empâte tout ce qui se trouve autour d'elle, et forme des stalactites calcaires qui ont un brin d'herbe pour point d'appui.

Les dépôts formés par les eaux de St-Alyre présentent en général les mêmes caractères minéralogiques ; ce sont des masses assez compactes, à cassure inégale ou raboteuse, et dont la pesanteur spécifique approche de celle du marbre ordinaire. Leur couleur est le blanc jaunâtre ; elles sont parsemées de taches jaunes dues au fer hydroxidé, et ce dernier forme même çà et là quelques dépôts terreux. Cette roche fait une vive effervescence avec les acides, et laisse un dépôt assez abondant dû à du fer et à une petite quantité de silice. Elle renferme des substances organiques, et principalement des débris de végétaux, des coquilles qui appartiennent au genre *hélice*, et rarement des *planorbes*. On y a trouvé une assez grande quantité d'ossements fossiles, dont les uns empâtés dans le dépôt, et d'autres simplement recouverts. On en a retiré plusieurs ossements humains, et entre autres une tête très-bien conservée et passée à l'état fossile. On peut la voir au cabinet de minéralogie de la ville de Clermont.

Tels sont les principaux phénomènes que nous présente la source minérale de St-Alyre. Cette propriété incrustante existera-t-elle toujours, ou bien finira-t-elle par disparaître entièrement, comme cela est arrivé à un grand nombre de sources de l'Auvergne ! Cette dernière manière de voir est celle qui paraît la plus rationnelle, si l'on en juge par analogie ; mais plusieurs siècles s'écouleront, sans doute, avant que la fontaine ait fourni les preuves que nous ont laissées les sources de *Chalusset*, de *Rambeau*, de *Médagues*, ect. (1).

Ce 1er mars 1830.

(1) Voyez, pour ce qui est relatif à l'histoire des travertins d'Auvergne, les *Vues et coupes des principales formations géologiques du département du Puy-de-Dôme*, accompagnées des *échantillons* et des *descriptions* des roches qui les composent. Un exemplaire de cet ouvrage a été déposé par les auteurs au cabinet de minéralogie de la ville de Clermont-Ferrand, où l'on pourra en même temps se procurer le prospectus.

LE PONT DE LA NATURE.

Felix qui potuit rerum cognoscere causas.

Dans ces temps reculés où le sein de la terre,
Non loin de nos coteaux, vomissait le tonnerre;
Quand le soufre enflammé comprimé dans ses flancs;
Déchirait à grand bruit la bouche des volcans,
Et lançait jusqu'aux cieux la flamme et l'épouvante;
Pour dérober son urne à la lave brûlante,
La jeune nymphe Alyre, abandonnant les monts,
Et fuyant éperdue au milieu des vallons,
Dans nos champs fortunés s'arrêta dans sa course.
« Fixons, dit-elle, ici le secret de ma source;
» Qu'elle y coule en silence à l'ombre des ormeaux:
» Le bonheur sur ce globe est enfant du repos.
» Embellissons ces lieux; sur cette heureuse rive,
» Déroulons le cristal de notre eau fugitive.
» Chaque divinité vint y porter ses dons :
» Flore, pour embaumer, charmer ces environs,
» Sema sur leur tapis les fleurs de sa couronne.
» Bientôt suivant ses pas, la vermeille Pomone
» Y vida sa corbeille, et de ses doux trésors,
» Chargea les verts rameaux des arbres de ces bords.
» Cachons notre miroir sous ces toits de feuillage;
» Des feux par la fraîcheur défions le ravage.
» Que Vulcain, vers les monts, allume ses fourneaux;
» C'est ici le séjour de l'ombrage et des eaux.

» La flamme n'y doit point outrager la nature.

» Arrosons de ces prés la naissante verdure ;

» Allons mouiller le pied de ce coteau voisin (1),

» Où j'entends résonner un cantique divin,

» Et dont la cime offrant les colonnes d'un temple

» Que mesure dans l'air mon œil qui les contemple,

» Semble se couronner d'un nuage d'encens ;

» Portons à Jupiter nos limpides présents. »

Elle avance. Soudain une nymphe jalouse

Sort du sein d'un ruisseau qui baignait la pelouse,

Fait frissonner les joncs, et debout sur les flots,

S'oppose à son passage en murmurant ces mots :

« Tu ne mêleras point, dit-elle, avec mon onde,

» L'inutile filet de ton eau vagabonde.

» Ne souille point ma rive, et reporte à tes monts

» Ta boisson insipide et tes tièdes bouillons.

» Ces prés n'ont nulle soif de ta mince fontaine,

» Quand ils sont abreuvés, baignés par Tiretaine (2). »

Alyre lui répond : « En venant dans ces lieux,

» J'y porte des bienfaits et j'obéis aux dieux.

» Ils ne souffriront point qu'il me soit fait outrage,

» Ils veulent qu'avec toi j'arrose ce rivage.

» Si j'ai su me soustraire aux fureurs de Vulcain,

» Jusqu'ici me frayer un conduit souterrain,

» De mon onde bientôt, si faible en apparence,

» Déployant à tes yeux la secrète puissance,

» Je saurai me tracer un chemin différent,

» Et bientôt sur ton sein..... » O prodige ! à l'instant,

---

(1) Montjuzet, où était un temple de Jupiter, desservi par de jeunes prêtresses.

(2) Nom du ruisseau où tombe la fontaine minérale.

Ralentissant sa fuite, elle écume, bouillonne,
Se soulève, en grondant, du lit qui l'emprisonne,
S'élance en gerbe humide, et suspendant ses flots,
Resserre en les courbant leurs limpides réseaux.
Le liquide cristal s'épaissit, se condense,
Se durcit par degré, prend de la consistance,
Vers l'autre bord s'allonge, et d'un pont merveilleux
Forme en s'arrondissant l'arceau majestueux.
Elle suit dans les airs sa course triomphante,
Par-dessus Tiretaine, en gazouillant, serpente,
Roule vers Montjuzet le tribut de son eau.
 « Alyre, il me suffit : reste près du ruisseau
 » Qui coulera toujours sous ta voûte immortelle,
 » Dit le maître des dieux, d'une voix solennelle ;
 » Sa naïade bientôt, fière de te porter,
 » Sourira quand les arts viendront te visiter.
 » Sur cette molle arène allez, courez ensemble ;
 » Nymphes, obéissez au doigt qui vous rassemble.
 » Ensemble caressez ce rivage enchanteur.
 » Toi, par ton pur breuvage et ta douce chaleur,
 » Tous les ans lorsque mai verdira la prairie,
 » Guéris les maux de l'homme et prolonge sa vie ;
 » Possède aussi toujours, renfermés dans ton sein,
 » Le magique secret et le pouvoir divin
 » D'endurcir à jamais, par ton onde brillante,
 » Les objets arrêtés dans sa gaze mouvante.
 » Que les fleurs, que les fruits dans tes flots exposés,
 » En un tuf éclatant soient métamorphosés.
 » Assure la durée à la feuille éphémère ;
 » Conserve des oiseaux l'attitude légère ;
 » Au renard l'air rusé ; que le taureau pesant
 » Paraisse ruminer même au sein du néant ;
 » Que la douce brebis semble chercher à paître ;

» Et l'épagneul encor vouloir lécher son maître.
» Pour parer les jardins, orner le cabinet,
» Par toi ressuscité, que ce peuple muet
» Vive autant que vivra ton arche sans pareille.
» Sois d'une autre Tempé la première merveille. »
Il dit. — C'est depuis lors qu'on admire en ces lieux
L'antique monument dont ils sont orgueilleux ;
Et ce pont qui toujours embrassant deux rivages,
Ne put être ébranlé par le torrent des âges,
Par sa masse éternelle étonnant le regard,
Fait voir que la nature est au-dessus de l'art.

J.^{es} BERNARD, Officier en retraite.

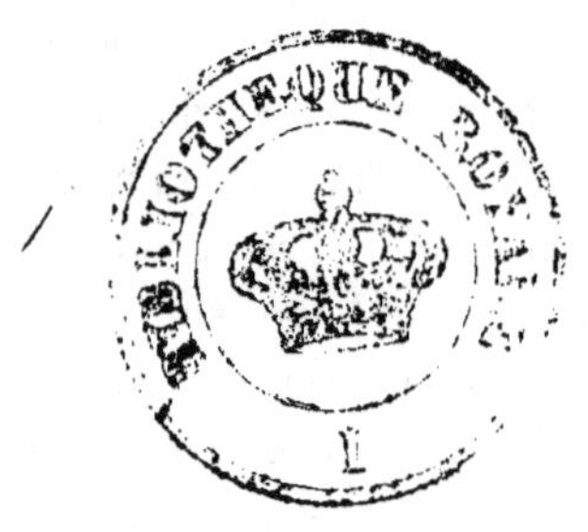

www.ingramcontent.com/pod-product-compliance
Lightning Source LLC
LaVergne TN
LVHW021607170726
843501LV00010B/3898